재료의 산책

겨울의 일기

요나 지음

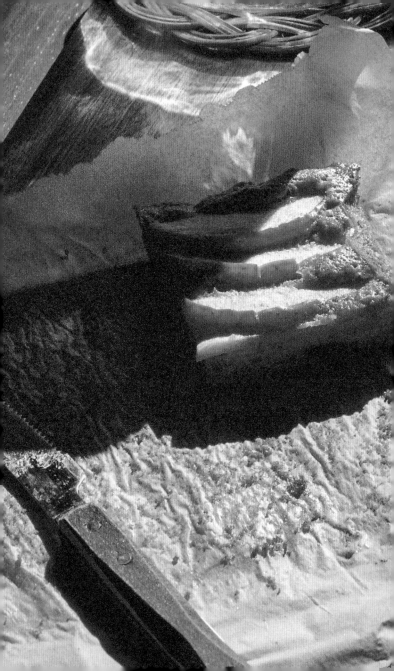

겨울의 일기

목차

시금치

오늘 아침 시장에 갔더니 겨울 해풍을 견디며 노지에서 자랐다는 문구와 함께 해남 시금치가 진열대를 푸르게 메꾸고 있었다. 압도적인 푸르름은 우리가 왜 '제철 채소'를 먹어야 하는지 말해주는 것만 같았다. 계절과 땅의 기운을 온몸에 머금고 있는 그들은 최상의 맛과 아름다움을 지니고 있다. 겨울의 시금치는 한파에 견디기 위해 온몸에 힘을 꾹 주기 때문에 당도가 올라간다. 모든 제철음식은 언제나 풍부한 영양소를 가지고 있다. 어떤 재료가 제철인지 헷갈린다면 일단 시장으로 가자. 가장 맨 앞줄, 가장 눈에 띄는 곳에, 가장 많이 쌓여있는 것이 무엇인지 보면 된다. 시금치는 보다 짙은 색의 잎사귀, 보다 짙은 분홍색의 뿌리를 가진 것이 좋다. 잎사귀의 흰 맥이 뚜렷하고 벌레 먹거나 시든 잎이 없는 것, 싱싱한 향을 머금고 있는 것으로 고르자. 어릴 때만 해도 나는 시금치가 오직 나물 반찬이 되기 위한 채소인 줄 알았다. 시금치 라자냐, 시금치 피자, 시금치 수프를 먹어보지 못했다면 평생 오해했을지도 모른다. 운영하고 있는 가게 '플랜트'의 이번 주 식사 메뉴는 '크리미 시금치 크로켓 버거'다. 게살 크림 크로켓의 변형판으로 게살 대신 볶은 시금치와 버섯을 두유크림과 뭉쳐 패티 모양으로 만들어 튀겼다. 양배추와 당근으로 만든 코울슬로(잘게 썬 양배추와 여러 채소들을 마요네즈와 버무린 것)도 함께 끼워 넣었다. 이 버거를 드신 손님들의 기억 속에 시금치가 쌉쓸한 맛 대신 부드럽고 따뜻한 맛으로 남았기를 바란다. 겨울의 시금치에서는 정말로 고소한 풀맛이 나니까.

시금치를 갈아서
페스토로 만들다

아이에게 당근과 피망을 먹이기 위해 잘게 썰어서 볶음밥에 넣었다든지, 연근을 다져 넣은 햄버거를 만들었다는 엄마들의 이야기를 듣고 있으면 마음에서 우러나온 아이디어에 감탄한다. 세상의 여러 요리들이 탄생한 배경을 찾다 보면 엄마들의 속임 요리처럼 뜬금없는 경우가 많다. 하지만 어떤 이유와 어떤 우연, 궁리에서였든 하나의 온전한 요리가 되어 오랜 시간 식탁에 오르고 세상의 일부가 되어간다는 것은 멋진 일이다. 혹시 시금치 페스토가 만들어진 이유도 바질이 부족해서였던 건 아닐까? 아무래도 좋다. 바질 페스토에만 익숙했던 나에게 시금치 페스토는 고정관념을 깨는 계기가 되었다. 덕분에 어떤 풀이든 페스토로 만들어보는 버릇이 생겼고 요리의 폭은 몇 뼘이나 넓어졌다.

재료

시금치 페스토(시금치 150g, 올리브오일 100ml, 식초 10ml, 볶은 아몬드 20g, 마늘 2쪽), 시금치 파스타(파스타 면 100g, 시금치 페스토 5~6Ts, 양파 ¼개, 표고버섯 1개, 올리브오일 2Ts, 페타 치즈 적당량, 소금, 후추)
* Ts(테이블스푼), ts(티스푼)

만드는 법

페스토 시금치를 깨끗이 씻어 물기를 살짝 말린다. 볼에 시금치, 올리브오일, 식초, 아몬드를 넣고 블렌더로 갈아준다. 페스토는 파스타 소스로도, 샐러드 드레싱으로도, 빵 위에 발라 수프레드로도 즐길 수 있다.

파스타 이번에는 파스타 면에 버무려본다. 시금치 페스토만 넣어 산뜻하게 즐겨도 좋으며 약간의 생크림을 추가하면 부드럽게 즐길 수도 있다. 파스타 면을 알맞게 삶아 망에 건져 준비한다. 이때 면수를 버리지 말고 남겨둔다. 양파와 표고버섯을 얇게 슬라이스한다. 올리브오일을 두른 프라이팬에 양파와 표고버섯을 넣고 노릇하게 볶는다. 불을 끄고 삶은 파스타 면, 페스토, 면수 2Ts을 넣어 잘 버무린다. 소금, 후추로 간을 맞춘다. 농도를 보아 올리브오일을 추가한다. 그릇에 담아 치즈를 뿌려 마무리한다.

Tip.
시금치는 뿌리 부분의 여러 줄기 사이에 흙이나 모래가 껴있기 쉬우므로 꼼꼼히 세척해야 한다. 밑부분을 잘 펼쳐 흐르는 물에 씻거나 10분 정도 물에 담가놓자.

시금치를 삶아서
유자 된장에 버무리다

이십 대의 중반을 넘어가면서부터 배가 고프면 면이 아닌 쌀밥이 생각나기 시작했다. 고슬고슬 지은 밥에 따뜻한 국물 한 사발, 착한 맛의 반찬들이 올려진 식탁. 집에 손님을 초대해도 예전에는 멋들어진 파스타 한 접시와 샐러드를 준비했는데 이제는 숟가락과 젓가락으로 먹는 요리를 준비한다. 왜 먹는가, 무엇을 먹는가, 무엇을 요리해야 하는가에 대한 고민은 바뀌어 가는 시대와 주변 사람들에 의해 끊임없이 변해간다.

재료

시금치 한 단, 미소 2Ts, 간장 1ts, 유자청 1T, 잘게 다진 땅콩 또는 호두 1Ts

만드는 법

시금치는 10초 간격으로 줄기와 잎을 넣어 삶아주고 색이 변하면 바로 건져내어 찬물에 헹군다. 시금치를 자루에 건져 물기를 뺀 뒤 손으로 물기를 짜고 5cm의 길이로 썬다. 볼에 시금치, 미소, 간장, 유자청, 땅콩을 넣어 함께 버무린다.

대파

한파를 이겨낸 대파는 겹겹의 섬유로 단단하게 둘러싸인 겨울의 달콤한 기둥이다. 푸른 부분이 굵고 짙은 색인 것, 흰 부분과의 이음 부분을 눌러 보았을 때 단단한 것, 뿌리가 더 풍성한 것일수록 좋다. 대파를 구우면 매운맛은 사라지고 단맛이 도드라진다. 내가 이 단맛을 강하게 느낀 것은 예상외로 대파의 푸른 부분에서였다. 예전에 일하던 가게에서는 (보통 그렇듯이) 대파의 흰 부분을 주로 썼기 때문에 스태프들은 산더미처럼 남겨진 푸른 부분을 버리지 않고 어떻게 요리해 먹을 것인가에 대해 연구했다. 그때 파를 믿어보자는 마음으로 올리브오일에 마늘과 고추로 향을 내다가 오로지 푸른 파와 파스타 면만을 넣어 일명 '파 파스타'를 만들었다. 푸른 파 특유의 단맛과 점성이 파스타 면을 부드럽게 감싸고 돌았다. 간결하고도 빈틈 없는 맛의 한 그릇이었다. 평소에 먹던 음식들이 사실은 불안과 욕심의 덩어리였던 것은 아닐까 하는 생각이 들었다.

대파의 향을
기름에 옮기다

기름의 열로 가지고 있는 향이 두 배가 되는 채소들이 있다. 마늘, 셀러리, 대파 등이 그렇다. 대파를 썰어 기름과 불에 올려놓으면 그 향이 대단해 모든 요리에 자신이 붙는다. 실제로 무언가를 볶아보면 특별한 재료가 필요 없을 만큼 만족스러운 맛이 난다. 매번 기름에 볶기가 번거롭다면 미리 대파의 향을 기름에 옮겨 담아놓자.

재료

대파, 식용유 또는 올리브오일

만드는 법

요리에 적합하게 쓰고 남은 대파들을 작은 크기로 썰어 식용유 혹은 올리브오일에 넣고 약불에 올린다. 튀기는 듯한 느낌으로 지켜보다 대파가 갈색이 될 때쯤 불을 끈다. 보관할 용기에 체를 받쳐 대파를 거르며 기름을 붓는다. 채소구이, 볶음밥은 물론이며 튀김을 할 때 사용하기도 한다.

대파를 느긋이 볶아
그라탱으로 만들다

우연히 지독한 독감에 걸린 친구의 집에서 신세를 진 적이 있었다. 다음 날 아침 이불 속에 오므라이스처럼 웅크린 친구를 보니 미안함과 안쓰러움이 밀려와 몰래 아침밥을 만들기 시작했다. 모르는 냉장고를 함부로 뒤질 수도 없는 터라 바깥에 나와 있는 대파와 감자, 마늘만을 쥐고는 잠시 아쉬워했지만, 잘게 썬 대파를 조용한 부엌에서 느긋하게 볶는 동안 점점 달콤해지는 향기에 마음이 놓였다. 천천히 시간을 들이자 생크림과 우유 없이도 달달한 그라탱이 만들어졌다. 잠이 덜 깬 눈을 비비면서도 맛있게 먹어준 친구가 감기를 이겨내는 데 도움이 됐는지는 기억나지 않지만, 또 하나의 비밀을 알게 된 희열은 아직도 생생하다.

재료

대파 2대, 감자 1개, 마늘 1쪽, 올리브오일 2Ts, 큐민가루 0.5ts, 소금, 후추, 바게트 슬라이스 3장, 버터 5g

만드는 법

대파를 얇게 어슷 썰고 마늘은 슬라이스한다. 올리브오일을 두른 프라이팬에 대파와 큐민가루를 넣고 약불로 볶는다. 어느 정도 대파가 투명해지면 얇게 썬 마늘을 같이 넣고 볶다가 물을 조금씩 부어가며 루Roux(소스나 수프를 걸쭉하게 하기 위해 밀가루를 버터로 볶은 것)에 가까운 형태로 만들어간다. 마지막에 버터 5g을 넣어 녹인다. 소금, 후추로 간을 맞춘다. 감자는 잘 씻어 삶은 뒤 얇게 썬다. 오븐용 그릇에 만들어둔 대파 소스와 감자를 얹는다. 바게트에 버터를 발라 얹고 기호에 따라 치즈를 뿌린 뒤 오븐이나 토스터에서 바게트와 감자가 노릇하게 익을 때까지 굽는다.

무

떡 줄 사람은 꿈도 안 꾸는데 김칫국부터 마신다는 옛말이 있다. 속담을 한 번 더 읽어보면 떡을 먹을 때 보통 동치미나 나박김치 같은 국물김치를 곁들였구나, 예상해볼 수 있다. 실제로 무는 전분 소화 효소인 디아스타아제Diastase를 많이 지니고 있어 소화를 돕는다. 이번에는 뭇국, 무김치, 무나물 등의 익숙한 요리에서 벗어나 조금은 낯선 방법으로 무를 다뤄봤다. 익숙지 않기도 하지만 어쩐지 생각의 폭이 조금 넓어진 것 같다. 아는 만큼 세상이 보인다는 말처럼 음식도 만들어보는 만큼 깊어진다.

다섯 가지 식감의 재료를
한 그릇에 담아내다

음식물을 꼭꼭 씹지 않고 삼켜버리는 나쁜 습관이 있었다. 감이나 복숭아도 딱딱한것보다 물컹하게 푹 익은 것만을 찾았다. 언젠가 복잡해진 마음을 치유하는 수업을 들으러 간 적이 있는데, 요상하게도 불을 끄고 모두 함께 아무 소리도 내지 않으며 식사를 하는 시간이 있었다. 아무것도 보이지 않으면 오로지 씹는 행위에만 집중하게 되는데 그제서야 비로소 이제까지 내가 얼마나 씹는 일에 무심했었는지 알 수 있었다. 음식물을 제대로 씹어야 영양 섭취도, 소화도 잘되며 두뇌 활동에도 도움을 준다. 심지어 한쪽으로만 씹으면 균형이 흐트러져 척추나 골반이 휠 수도 있다고 한다. 억지로라도 더 씹어 삼킬 필요가 있는 일이다.

재료

무 70g, 톳 30g, 퀴노아 50g, 줄기콩 6~8개, 방울토마토 6~8개, 참깨 1~2Ts, A(양파 ¼개분 간 것, 식초 4Ts, 마요네즈(《가을의 일기》 두유 편 참고) 3Ts, 된장 1ts, 후추 적당량)

만드는 법

톳을 미지근한 물에서 10~20분간 불린다. 끓는 물에 살짝 데쳐 헹군 뒤, 먹기 좋은 길이로 다듬는다. 퀴노아를 헹구고 냄비에 퀴노아와 물을 1:2비율로 넣은 뒤 중불에 올린다. 물이 끓기 시작하면 가끔 뒤섞어주며 13~15분가량 익힌다. 물이 없어졌을 때 불을 끄고 뚜껑을 닫아 2분가량 뜸을 들인다. 줄기콩은 끓는 물에 20초가량 데친다. 무를 5cm 길이로 채 썰고 방울토마토는 반으로 자른다. 볼에 A를 함께 넣어 섞은 뒤 준비한 모든 재료와 참깨를 넣고 잘 섞는다.

무청을 잘게 다져
주먹밥을 만들다

무가 수확되면 무청은 마치 바닷가의 오징어처럼 나란히 걸려 건조되고, 시래기로 재탄생한다. 우리 밥상에선 된장국, 나물, 조림 등에 다양하게 쓰인다. 보통 무청은 말린 채로 판매되는 경우가 대부분이지만, 무가 수확되는 계절에는 윗부분도 함께 구매할 수 있다. 말리지 않은 무청에서만 느낄 수 있는 향기가 있는데 볶아두면 주먹밥 재료나 달걀말이의 속으로 쓰기도 좋다. 무청 한다발이면 무청 주먹밥, 무청 달걀말이, 무청 된장국의 무청 만끽 밥상을 차리고도 남을 만큼 양이 넉넉하다.

재료

무 150g, 무청 100g, 건다시마 1장, 쌀 2컵, 물, 국간장 1.5Ts, 청주 1Ts, 통깨 1Ts, 참기름 1Ts

만드는 법

무청은 깨끗하게 씻어 5mm 정도의 폭으로 잘게 썬다. 무도 같은 크기의 작은 네모로 썰어 준비한다. 밥솥에 쌀, 물, 무, 무청, 국간장, 청주를 넣고 밥을 짓는다. 밥이 다 지어지면 통깨, 참기름을 넣어 골고루 섞은 뒤 주먹밥으로 만든다. 무청을 조금 더 아삭하게 즐기고 싶다면 밥에 넣어 함께 짓는 대신 무청만 따로 데쳐 다진 뒤 지어진 밥에 추가한다. 또는 무청과 잘게 부신 김을 참기름에 볶아 지어진 밥에 추가해도 좋다.

Tip.
곁들일 채소 된장 만드는 법 당근, 연근, 우엉 등을 적당량 잘게 다져 준비한다. 냄비에 참기름을 두르고 중불에서 딱딱한 순으로 넣어가며 볶는다. 된장을 넣어 약한 불에서 보슬보슬하게 느긋이 볶는다. 불에서 내려 다진 생강을 조금 넣고 섞는다.

무를 부드럽게 삶아
사천풍 소스로 조리다

중국 사천 지방을 대표하는 음식 마파두부麻婆豆腐. 중국의 진마파陳麻婆라는 할머니의 가게에서 처음으로 만들어져 마파두부라는 이름을 얻었다고 한다. 마파두부는 돼지고기와 두부를 중국 전통 고추장과 된장에 걸쭉하게 볶아낸 음식인데, 한국 요리의 칼칼한 맛과 흡사하다. 두부를 대신해 가지나 당면 등을 넣어도 별미지만, 무야말로 숨겨진 적임자다. 볶기 전에 잠시 데쳐야 하는 수고가 필요하지만, 심심한 무는 다양한 장과 궁합이 잘 맞는다. 된장찌개에 들어갈 재료들을 이것저것 골라보는 듯한 가벼운 마음으로 모든 요리의 재료도 내 주머니와 냉장고 사정에 맞춰 마음대로 바꿔보자.

재료

무 100g, 돼지고기 간 것(가지로 대체 가능) 100g, 두반장 1ts, 말린 표고물 0.5컵, 전분물(전분 2~3Ts, 동량의 물), 식용유 1Ts, 참기름 1ts, 쪽파 조금, A(다진 대파 10cm, 다진 마늘 1Ts, 다진 생강 0.5ts), B(된장과 고추장을 2:1로 섞은 것 1Ts, 간장 1Ts, 청주 1Ts), 쌀뜨물 적당량

만드는 법

무는 1.5~2cm 두께의 육각으로 썰어 모서리를 둥글게 한다. 냄비에 무가 잠길 정도의 쌀뜨물을 넣고 중불에서 10분가량 익혀 건져놓는다. 달군 프라이팬에 식용유를 두르고 돼지고기를 볶기 시작해 고기 색이 변할 즘에 A와 두반장을 넣고 볶는다. 전체를 잘 섞어주며 볶은 뒤 말린 표고물과 삶아놓은 무, 잘 섞은 B를 넣고 보글보글 끓인다. 전분물을 만들어 불을 줄이고 조금씩 부어가며 저어준 뒤 불을 끈다. 그릇에 담고 쪽파를 썰어 올린다. 팽이버섯, 피망, 양파, 당면 등을 자유롭게 추가하자.

Tip.
무는 순백의 재료다. 맛이 쉽게 배는 속성 덕분에 다양한 음식에 자유자재로 사용이 가능하다. 그중에서도 참기름, 생강과의 조합이 매우 좋다. 볶음이나 조림 요리를 생각한다면 이 두 가지 부재료와의 조합을 추천하고 싶다.

양배추

약해진 마음과 신체의 병으로 고통받는 이들이 생각보다 많다는 사실에 놀라는 요즘, 사람 많고 공기 나쁜 도시에서 건강하게 살아가는 법엔 무엇이 있을까 생각한다. 감당하기에는 버거운 공해와 정보가 난무한다. 일본의 건강 도서 중 《병은 재능病気は才能》이라는 책을 좋아한다. 누구든 병은 앓을 수 있지만 그 병을 단순히 나쁜 것으로 묻어두고 끝낼지, 병 안에서 자아를 찾아내어 또 다른 재능으로 바꾸어갈지는 자신에게 달려 있다는 내용이다. 삶은 주체적으로 산다면 얼마든지 바뀔 수 있기에 아름답다고 불리는 듯하다. 요거트, 올리브와 함께 세계 3대 장수 식품으로 꼽히는 양배추는 위장병으로 고생해본 사람이라면 한 번쯤은 기대어본 경험이 있을 것이다. 양배추즙이며 진액이며 환이며 여러 가지 약품으로도 나와 있지만 역시 음식으로 섭취하는 것이 가장 기분 좋다.

양배추를 층층이 쌓아,
달걀물을 채워 굽다

나는 여자치고 발이 큰 편이다. 얼마 전 우연히 한 치수 더 큰 신발을 신어보고는 내 발이 255mm라는 사실을 처음 알게 됐다. 어쩐지 양말에 구멍도 자주난다 싶었다. 양말을 많이 신는 가을과 겨울이 되면 이삼 주에 한 번쯤 구멍 난양말을 몰아서 꿰맨다. 그럴 때면 어쩔 수 없게도 멀리서 들려오는 세탁기 소리나 밥솥에서 나는 증기 소리에 집중하게 되는데, 규칙적인 소리에는 왠지 모를포근함이 있다. 냄비에 달걀찜이라도 하는 날엔 고소한 냄새까지 풍겨와 더없이 그렇다.

재료

양배추 적당량, 달걀 3개, 두유 100cc, 올리브오일 0.5ts, 소금과 후추 적당량

만드는 법

양배추는 먹기 좋은 크기로 썰어 끓는 물에 30초 정도 데친다. 볼에 달걀, 두유, 소금, 후추를 넣고 잘 저어 섞는다. 넛맥가루가 있다면 한 꼬집 넣자. 내열 그릇에 올리브오일을 바르고 양배추의 물기를 잘 제거한 뒤 층층이 쌓는다. 달걀물을 붓고 180도로 예열한 오븐에서 20~30분 정도 굽는다. 오븐이 없다면 깊고 작은 프라이팬이나 달걀찜용 냄비에 올리브오일을 바르고 같은 순서대로 넣어 불에 올린다. 완두콩, 작두콩 등을 삶아 군데군데 넣어도 맛있다.

Tip.
양배추를 장기 보존하고 싶을 때는 심 부분을 둥글게 도려낸 뒤 물에 적신 키친타월을 채워 넣어 냉장 보관하자. 잘린 채로 랩에 싸여있는 양배추일지라도 여전히 호흡하고 있으니, 랩을 벗기고 신문지에 옮겨 싸는 것도 좋은 방법이다.

**양배추와 바지락을
버터와 화이트와인에 찌다**

수영을 잘하는 사람이 부럽다. 어릴 때 지독한 중이염을 앓았다. 수영장에 다녀오면 다음 날은 고열이 나거나 귀에서 노란 진물이 흘러나오곤 했다. 큰 수술을 두 번쯤 하고 완전히 물을 무서워하는 사람이 되었다. 의사 선생님이 '어른'이 되면 수영도 할 수 있고 귀도 멀쩡해질 거라고 했는데 어른이 몇 살부터인지는 알려주지 않았다. 얼마 전부터 언니가 스킨스쿠버 자격증을 따고 싶다며 수영을 다니기 시작했다. 장난 반 진심 반으로 "나는 고등어가 좋아."라고 얘기했는데 정말 어느 날 언니가 조개나 생선을 한가득 잡아다 줬으면 좋겠다. 꿈이어도 좋을 것 같다.

재료

양배추 ⅓개, 바지락(해감한 것) 200g, 다진 마늘 1ts, 올리브오일 1Ts, 화이트와인(청주로 대체 가능) 50cc, 버터 1ts, 소금과 후추 적당량

만드는 법

양배추를 먹기 좋은 크기로 썬다. 냄비에 올리브오일과 다진 마늘을 넣고 약불에서 향을 낸다. 마늘이 타기 전에 바지락을 넣은 뒤 화이트와인을 넣고 중불로 올려 뚜껑을 닫는다. 조개가 입을 열면 양배추와 버터를 넣고 다시 뚜껑을 덮어 양배추가 부드러워질 때까지 끓인다. 소금, 후추로 간을 한다. 기호에 따라 안초비나 올리브, 페페론치노 등을 넣으면 조금 더 이국적인 맛을 즐길 수 있다.

Tip.
여러 겹으로 이루어진 양배추는 외겹과 내겹의 식감과 맛이 묘하게 다르다. 얇고 약간 떫은맛을 가진 외겹은 생식보다는 기름에 볶을 때 사용하면 좋고, 단단하고 단맛을 내는 내겹은 코울슬로 같은 샐러드에 적합하다. 양배추는 겉잎과 심에 영양소가 가장 많으니 최대한 활용하도록 하자.

양배추를 얇게 채 썰어
코울슬로로 만들다

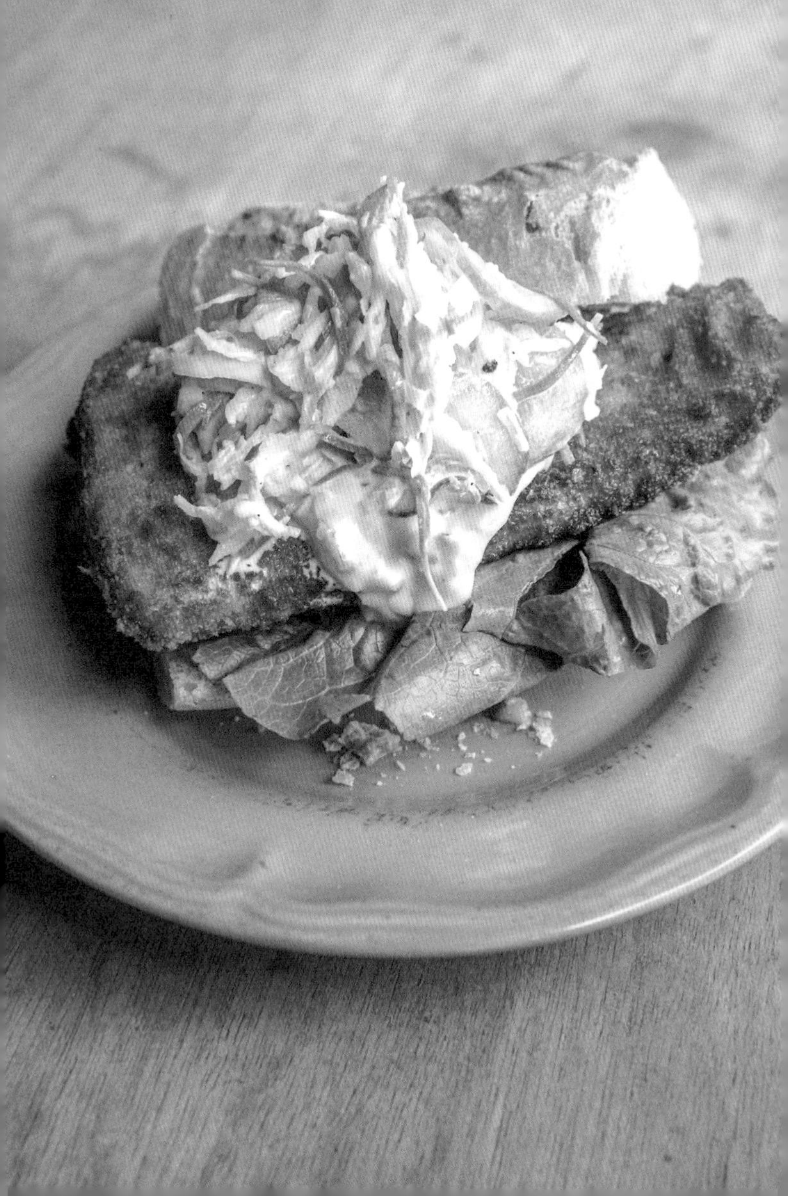

스무 살 때 얼굴이 맑고 손가락이 가는 한 남자아이를 좋아했다. 어느 날 그 아이는 자기가 터키에서 먹었던 맛있는 샌드위치를 만들어주고 싶다며 날 집으로 초대했다. 부엌에서 한참을 낑낑대던 그가 가져온 그릇 위에는 구운 고등어 한 점과 얇게 썬 양파가 끼워진 바게트가 올려져 있었다. 고등어 샌드위치라. 이건 무슨 요상한 조합인가 싶었지만, 예상외로 무척 좋은 맛이었다. 그때의 기분 때문일까. 지금도 소중한 사람들에게는 샌드위치를 만들어주고 싶다. 음식만큼 나눠서 행복한 것이 또 어디 있을까 싶다.

재료

양배추 ⅛개, 당근 ⅛개, 오이 적당량, 마요네즈(《가을의 일기》두유 편 참고) 5Ts, 식초 1Ts, 소금과 후추 적당량

만드는 법

양배추와 당근, 오이를 얇게 채 썰어 소금 0.5ts과 함께 골고루 버무린 뒤 5~10분가량 절여둔다. 물에 잘 헹궈낸 뒤 힘껏 짜서 볼에 담는다. 마요네즈, 식초를 넣고 잘 버무린다. 소금, 후추로 간을 맞춘다. 카레가루나 큐민 등의 향신료를 약간 넣어도 좋다. 완성된 코울슬로는 그대로 먹어도 좋지만, 굽거나 튀긴 흰살 생선과 함께 샌드위치로도 먹어보자. 으깬 감자나 고구마와도 잘 어울린다.

Tip.
양배추를 생으로 먹기 전에 소금에 잠시 절여두면 떫은맛을 빼낼 수 있다. 혹은 소금, 통후추, 레몬즙에 절인 뒤 하루 이상 실온에 보관하여 발효시켜 먹어도 좋다.

아보카도

동화작가 존 버닝햄John Burningham의 《아기 힘이 세졌어요》라는 책에서는 몸이 약한 아기가 아보카도를 먹고 힘이 세져 피아노도 옮기고 도둑도 잡는다. 가장 영양가 높은 과일로 기네스북에 등재되어 있는 '숲의 버터' 아보카도. 울퉁불퉁한 껍질 때문에 악어 배라고도 불리는 아보카도는 몸에 좋은 식물성 지방부터 비타민과 미네랄 등 피부 미용에 좋은 요소가 가득하다. 으깬 것을 꿀과 일대일의 비율로 섞어 얼굴에 바르는 데 사용하고, 머리에 발라 린스처럼 활용해도 좋다고 한다. 변색이 빠른 아보카도는 보관하는 방법 또한 다양하다. 먹다 남은 과육에 랩을 밀착시켜 싸두는 방법부터 표면에 레몬즙을 뿌려두거나 씨와 함께 보관할 수도 있고, 먹고 남은 껍질을 퍼즐처럼 다시 반대쪽에 덮어두는 간단한 방법도 있다. 하지만 역시 최상의 방법은 껍질을 깐 후 최대한 빨리 먹어버리는 것이다. 으깨고, 굽고, 튀기다 보면 남을 수가 없다.

아보카도딥을 바른
따뜻한 토스트 위에
온천달걀을 터뜨리다

토스트는 왜 항상 낭만적일까. 우주를 물, 불, 공기 그리고 바람이 이룬다면 낭만적인 아침은 토스트와 달걀, 커피 혹은 오렌지 주스, 그리고 따뜻한 햇살이 이룬다고 할 수 있겠다. 온천달걀은 70~80도의 온천물과 비슷한 온도에서 익히는 반숙 달걀이다. 적정 온도에 잠시 담가두면 흰자만 살며시 익게 되는데, 껍질째 보관이 가능하고 실패 확률도 적어 수란보다 활용이 쉽다.

재료

아보카도딥(아보카도 1.5개, 사워크림 30g, 다진 마늘 3g, 레몬즙 3g, 소금과 후추 적당량), 식빵, 온천달걀 1개

만드는 법

아보카도딥의 재료를 모두 볼에 넣고 아보카도를 포크로 잘 부숴가며 섞는다. (사워크림 대신 핸드블렌더로 곱게 간 두부를 써도 좋다.) 아보카도를 완벽하게 뭉그러뜨리기보다는 어느 정도 과육이 남아있을 때 멈춰야 식감이 더 좋다. 프라이팬이나 토스트기에서 식빵을 앞뒤로 바삭하게 구운 다음 아보카도딥을 펴 바른다. 온천달걀을 올리고 후추를 뿌린다.

Tip.
아보카도 손질법 세로 방향 정중앙을 기준으로 칼을 넣어 씨를 따라서 한 바퀴 돌린 후 좌우를 반대 방향으로 비틀듯 돌려서 연다. 씨에 칼을 가볍게 꽂아 한쪽 방향으로 돌리면 쏙 빠진다. 손으로 과육이 뭉개지지 않도록 주의하며 조심히 껍질을 벗긴다. 딥을 만들 경우에는 껍질을 벗기지 않고 숟가락으로 긁어내는 것이 손쉽다.

온천달걀 만드는 법 냄비에 물을 끓인 뒤 불을 끄고 온도가 90도가량까지 떨어지기를 기다린다. 달걀을 넣고 뚜껑을 덮은 후 11~12분 기다린다. 달걀을 건져내어 그대로 식힌다. 계절에 따라 시간은 줄거나 늘어난다.

부드러운 아보카도를
바삭하게 튀기다

과일인 걸 알면서도 종종 요리를 하다 보면 아보카도가 채소인가 헷갈릴 때가 있다. 굽고, 튀기고, 끓이고, 이렇게 자유롭게 열을 가하며 조리할 수 있는 과일이 몇이나 될까. 아보카도 튀김은 처음으로 아이스크림 튀김을 먹었을 때의 기분을 떠올리게 한다. 아보카도 튀김을 할 때는 꼭 잘 숙성된 것으로 고른다. 겉은 바삭한데 속은 순식간에 녹아 사라지는 식감이 매력적이기 때문이다. 굵은 소금이나 간장에 찍어 먹어도 좋고, 냉우동 위에 올려 먹어도 별미다.

재료

푹 익은 아보카도, 튀김가루 70g, 물 혹은 맥주 거품 50g, 식용유, 소금

만드는 법

아보카도를 적당한 크기로 썬다. 튀김가루를 담은 볼 속에 물이나 맥주 거품을 넣고 저어준다. 아보카도에 튀김옷을 골고루 묻힌 다음, 170~180도로 달군 식용유에 넣고 튀긴다.

Tip.
덜 익은 아보카도를 숙성시키고 싶을 때는 바나나, 사과, 멜론 등의 과일과 함께 봉지에 넣어두면 좋다. 일반 보관 시에는 5도 이상 27도 이하의 온도에서 보관하는 것이 최상이다. 살짝 쥐었을 때 잘 익은 바나나처럼 부드러움이 느껴지는 정도가 가장 맛있는 시기다.

푹 익은 아보카도와
푹 삶은 감자를
두유마요네즈로 버무리다

아보카도는 참 귀찮은 과일이다. 아보카도를 사오면 연녹색의 덜 익은 상태일 경우가 많은데 그럴 때는 진녹색이 될 때까지 후숙을 시켜야 한다. 서두르면 쌉쌀한 풀 맛 때문에 인상이 찌푸려지기 십상이다. 과육은 또 얼마나 연한지 한 번 손질하고 나면 손과 칼, 도마에 연두색 과즙이 흠뻑 스며든다. 거기다 변색이 매우 빠르기 때문에 한 번에 다 먹지 못하고 남기기라도 하면 바로 랩을 싸서 보관해야 한다. 이래저래 별로지만 그래도 자꾸만 생각이 나는 건 어쩔 수 없다.

재료

감자 2개, 아보카도 1개, 명란젓 ½~1Ts, 마요네즈(《가을의 일기》 두유 편 참고) 2~3Ts, 빵, 머스터드, 소금, 후추

만드는 법

감자는 잘 씻어 찜기에 넣고 푹 익힌다. 감자가 익으면 껍질을 벗기고 한입 크기로 썰어 준비한다. 부드럽게 익은 아보카도를 손질해 한입 크기로 썬다. 명란젓은 속을 발라내 준비한다. 볼에 감자, 아보카도, 명란젓, 두유 마요네즈를 함께 넣고 잘 버무린다. 소금, 후추로 간을 맞춘다. 빵을 반으로 잘라 한쪽 면에 머스터드를 얇게 펴 바른다. 홀그레인, 디종 중 어떤 머스터드를 써도 좋다. 빵 사이에 버무린 재료를 채워 넣는다.

땅콩

땅속에서 열매를 맺는다고 하여 낙화생落花生이라 불리는 땅콩은 알맹이의 선별 작업에 손이 많이 가는 귀찮은 작물이다. 그럼에도 불구하고 땅콩 없이는 못 살겠다는 세상이다. 땅콩가루를 뿌려야 완성되는 태국 요리 팟타이를 비롯하여 땅콩 크림이 있어야만 만들 수 있는 '타이 피넛 누들', '아프리칸 피넛 스튜'도 있다. 중국에선 팔각 등의 향신료를 넣고 데치거나 기름에 튀긴 후 소금을 뿌려 먹기도 한다. 캐슈넛도, 호두도, 아몬드도 대신할 수 없는 고소함이다.

땅콩을 노릇하게 굽고
느긋이 갈아 버터로 만들다

독일 여행 중 살고 싶은 집을 발견했다. 강가 둑 위에 자리한 2층짜리 집은 멀리서는 큰 나무들에 가려 붉은 지붕만 빼꼼히 보인다. 탁한 베이지색의 건물에 낡은 하얀 창틀, 작은 정원이 딸린 주택. 1층 입구를 약간만 손봐 파이와 키쉬를 파는 구수한 가게로 만들고 싶어진다. 군데군데 삐거덕거리는 나무 바닥 사이로 오래된 먼지들이 소복하겠지만 오히려 좋다. 2층 침실엔 옷장과 스탠드가 놓인 테이블, 침대 하나가 전부고, 가려진 커튼 너머로는 정원의 큰 나무와 강물이 희미하게 비친다. 아침에 눈을 뜨면 차가운 공기를 머금고 1층으로 내려와 가게를 열기 시작한다. 마지막으로 마당까지 쓸고 나면 커피를 똑똑똑, 조심스럽게 내린다. 커피가 넘실넘실한 머그잔을 두 손으로 감싸 쥐고 작은 서재로 들어가 잠깐의 시간 동안 두꺼운 소설책을 넘겨본다. 그저 상상에 그친다 한들 나른한 기분 속으로 젖어드는 이런 생각들이 좋다. 천천히 흐르는 시간에 귀 기울이며 살고 싶다.

재료

땅콩 500~600g, 꿀 2Ts, 카놀라유 2~3Ts, 소금 한 꼬집, 시나몬 파우더

만드는 법

껍질을 깐 땅콩을 180도로 예열한 오븐에서 10~12분가량 상태를 보아가며 노릇하게 굽는다. 푸드프로세서에 구운 땅콩을 넣고 간다. 거칠게 부서지면 카놀라유와 꿀을 천천히 부어가며 계속해서 돌린다. 꿀은 생략 가능하다. 느긋이 지켜보다가 크림 상태가 되면 조금씩 맛을 보며 기호에 따라 오일이나 시나몬 파우더를 추가한다.

Tip.
땅콩에는 지방이 많아 산화되기 쉬우므로 보관 시에는 반드시 밀폐 용기에 담아 서늘한 곳에 둔다. 장기 보존할 경우 냉장 또는 냉동 보관한다.

땅콩을 거칠게 빻아
샐러드에 고소함을 더하다

알고 지낸 지 채 1년이 되지 않았는데, 이런 사람이라면 평생을 곁에서 영향 받으며 살고 싶다고 생각한 사람이 있다. 유행이라는 단어에서 한 발짝 떨어져 불편한 삶의 방식을 좋아하며 가진 것도 많지 않다. 그렇다고 해서 지식이 많은 것도 아니지만 대화를 하며 한순간도 흐름을 놓치지 않는다. 내가 말하고자 하는 바를 잘 이해하고 과대 포장하지 않은 담백한 말들로 자신의 의견을 살포시 첨가한다. 모든 의사소통에 강약의 폭이 적절해 오랜 시간 이야기해도 지치지 않는다. 때로는 눈동자 깊숙이 진심을 담아 진중한 얼굴로 바라보기도 하고, 힘을 내려놓을 때는 어린아이처럼 해맑은 눈빛과 표정을 짓는다. 영화 속 조연 배우의 존재가 얼마나 중요한 역할을 하는지 그를 보며 다시금 생각해본다.

재료

볶은 땅콩 50g, 마요네즈(《가을의 일기》 두유 편 참고) 3~4Ts, 카레가루 1ts, 식초 1ts, 단호박 ¼개, 브로콜리 ¼개, 말린 과일, 아몬드, 소금, 후추

만드는 법

단호박과 브로콜리는 먹기 좋은 사이즈로 썰어 삶거나 쪄서 준비한다. 땅콩은 껍질을 까서 절구에 넣고 오독한 식감을 남겨둘 정도로 거칠게 빻는다. 절구가 없다면 블렌더에 갈아도 좋다. 볼에 모든 재료를 넣고 골고루 잘 섞는다. 소금, 후추로 간을 맞춘다.

Tip.
땅콩을 삶을 경우에는 먼저 껍질째 흐르는 물에 여러 번 잘 헹궈 씻는다. 냄비에 땅콩이 잠길 정도의 물과 소금(물의 양 대비 3퍼센트가량)을 넣고 끓인다. 보글보글 물이 끓으면 땅콩을 넣고 20~30분가량 삶는다. 볶을 경우에는 껍질을 깐 프라이팬에서 약한 불로 볶거나 오븐에 굽는다.

낫토

영화 〈리틀 포레스트〉에서는 모치츠키 대회 もちつき大会(연말연시에 함께 모여 떡방아를 찧는 일본의 연례행사)를 앞두고 시골 분교의 아이들이 부드럽게 찐 대두를 볏짚으로 감싸 땅속에 묻은 뒤 눈으로 덮는 장면이 나온다. 이렇게 물에 불려 찐 대두를 볏짚으로 싼 다음 40도 정도에서 하루나 이틀 정도 발효시키는 것이 낫토의 전통적인 제작법이다. 볏짚에 접착한 낫토 균이 대두로 옮겨가 발효 작용이 일어나게 되는데, 바로 이때가 위를 보호하며 장 건강과 심혈관 질환에도 도움이 되는 건강식품으로 변신하는 순간이다. 낫토 효소는 혈전 용해 작용이 뛰어나며 비타민 B가 풍부해 피부에도 좋다. 그 외에도 혈압강하, 항암작용, 골다공증 예방, 변비 예방 등 효능이 뛰어나 '낫토 철에는 의사도 필요 없다'는 말이 있을 정도다. 낫토를 먹는 법은 취향에 따라 가지각색이나 따뜻한 밥 위에 생으로 올려 함께 먹는 방법이 대표적이다. 낫토는 먹기 전에 젓가락으로 공기를 감싸듯이 휘저어주면 실이 늘어나 한층 부드럽게 먹을 수 있다. 생으로 먹기에 향이 부담스럽다면 다른 길을 찾아보자. 일본에서는 낫토를 다져서 미소된장국에 넣은 낫토지루納豆汁(일본식 청국장)를 시작으로 낫토를 넣어 만든 우동, 카레, 볶음밥, 빵, 스파게티 등 다양한 요리가 있다. 고정관념의 출구는 흥미로운 세계의 입구와 연결되어 있다.

폭신한 달걀 이불로
치즈 같은 낫토를 덮다

엄마는 청국장을 싫어하시고, 학교 급식에 된장찌개는 나와도 청국장은 나오지 않는다. 그래서 내가 청국장을 맛보게 된 건 최근의 일이다. 조금 억울했다. 예전에 친구를 데리고 영화관에서 극장판 〈빨강 머리 앤〉을 본 적이 있었다. 영화를 보고 집으로 돌아간 친구는 그날 밤 엄마에게 왜 어릴 때 이렇게 좋은 만화영화를 보여주지 않았느냐고 투정을 부렸다고 했다. 아마 그때 친구의 마음이 청국장을 뒤늦게 맛본 내 마음과 비슷하지 않았을까. 청국장의 먼 친구 정도 되는 낫토를 비교적 이른 나이에 알게 되어서 그나마 다행이라는 생각이다. 배는 고프지만 아무것도 하고 싶지 않은 날엔 따뜻한 밥 위에 걸쭉하게 저은 낫토를 올린다. 김치와 오크라를 얹고 노른자의 동그라미가 정 가운데 오도록 달걀을 깬 다음 간장을 뿌린다. 혼자 있을 때 조용히, 조용히 즐기고 싶은 맛이다. 너무 다양한 맛과 향이 나서 그 누구의 방해도 받고 싶지 않은 시간이다.

재료

낫토 50g, 달걀 2개, 두유 50ml, 느타리버섯(팽이버섯) 적당량, 쪽파 적당량, 마늘 1쪽, 간장 0.5ts, 소금, 후추, 올리브오일 2Ts

만드는 법

마늘을 슬라이스한다. 버섯과 쪽파를 먹기 좋도록 잘게 썰어서 준비한다. 낫토에 간장을 넣어 저어둔다. 달걀은 잘 풀어 두유와 섞는다. 프라이팬에 올리브오일을 두르고 마늘, 버섯을 넣어 볶는다. 소금과 후추로 간을 하고 접시에 옮겨 담는다. 프라이팬을 다시 잘 달구어 식용유를 두르고 달걀 풀어둔 것을 붓는다. 숟가락으로 부드러운 주름이 생기도록 달걀물을 두어 번 저어준 뒤 불을 약하게 줄이고 볶아둔 버섯, 낫토, 쪽파를 반달 모양이 되도록 한쪽에 올린다. 기호에 따라 치즈를 넣는다. 달걀물의 바닥 면이 다 익어 프라이팬을 흔들었을 때 움직일 수 있게 되면, 미끄러지듯 그릇에 반을 흘려보내어 올린 다음 나머지 반을 뚜껑처럼 덮어 올린다.

Tip.
낫토는 냉동 보관이 가능하다. 낫토 균은 냉동 보관 시 수면 상태에 들어갔다가 상온이 되면 다시 발효가 시작된다. 낫토가 많이 남았다면 사온 팩 그대로 또는 밀폐 용기에 넣거나 랩으로 싸서 냉동고에 보관하자.

낫토를
한 숟가락씩 튀기다

올해는 연하장을 직접 그려서 만들기로 한다. 오랜만에 색연필을 잡는 촉감, 선을 긋기 위해 손가락 끝에 힘을 주는 동작에서 오는 어색함마저 기분 좋다. 얼마 전 오랜 친구와 함께 막걸리와 파전을 먹다 문득 소름이 돋았다. 이렇게 부끄러울 만큼 투명하게 진심을 이야기하고 이해할 수 있는 사람이 곁에 있다니. 살다 보면 잘 맞지 않는 사람도 만나게 되어 그런지 더 고마운 마음이 든다. 그림이 너무 촌스러운가? 새해 문구는 무슨 색으로 쓰지? 감사를 전하려고 시작한 연하장 만들기에 어느샌가 굴린 눈사람처럼 잘하려는 욕심이 덕지덕지 붙어있다. 바보 같다. 새해에는 잘하려고 애쓰지 말고 곁에 있어주는 사람들에게 따뜻한 밥이라도 한 끼 더 해줘야겠다.

재료

낫토 적당량, 식용유 적당량, 숟가락과 젓가락

만드는 법

낫토를 움푹한 그릇에 넣고 젓가락으로 힘차게 저어준다. 원을 그리며 저어준다고 생각하면 쉽다. 젓가락으로 들어 올렸을 때 실이 늘어날 정도로 점성이 생기면 된다. 깊은 프라이팬에 기름을 넣고 180도가량으로 데운다. 기름은 낫토 덩어리가 기름에 반 정도만 잠기면 충분하므로 많이 붓지 않는다. 숟가락 위에 파스타를 말아 올리듯이 낫토를 덩어리가 되도록 뭉쳐 그대로 기름 속으로 투하한다. 덩어리가 너무 크면 뭉치기 힘들기 때문에 밥 한 숟가락 정도의 양이 적당하다. 표면의 색이 노릇해지면 바로 꺼내어 거름망이나 키친타월 위에 올린다.

Tip.
1. 낫토만 튀겨도 심플한 맛을 즐길 수 있지만 형태 잡기가 어려울 수 있다. 바로 먹을 경우가 아니라면 만두피나 유부 주머니 속에 넣어서 튀겨도 좋다. 김치를 잘게 다져서 소로 넣으면 잘 어울린다.
2. 낫토의 영양소를 위해서는 물론 생으로 먹는 것이 제일 좋다. 튀김은 낫토의 장벽을 넘기 위한 수단으로 이용하는 것이 좋다.

낫토를 비비고
마를 갈아 섞다

일본에서는 생마를 갈아내린 음식을 토로로とろろ라 부른다. 토로로는 사시미, 두부, 달걀말이, 면요리, 밥 등에 올려 먹는데 여기에 낫토를 추가한 낫토토로로納豆とろろ는 별미 중의 별미다. 낫토튀김으로 장벽을 넘어섰다면 부디 이 요리에도 도전해보기를 바란다.

재료

낫토 100g, 마 10cm, 간장 1Ts, 고명(김, 쪽파, 김치, 부추 등) 적당량

만드는 법

마 껍질을 벗겨 강판에서 곱게 간다. 낫토를 젓가락으로 저어 점성을 낸다. 볼에 낫토, 마, 간장을 넣고 섞는다. 밥이나 소바, 우동 등에 올리고, 그 위에 고명도 잘게 썰어 올린다.

병아리콩

병아리의 머리와 부리를 닮아 '병아리콩'이라는 이름이 붙었다고 말하면 열에 아홉은 못 믿겠다는 눈치다. 인도에서는 병아리콩의 가루인 '베산 Besan'을 튀김가루나 과자 반죽에 사용하기도 하고, 중동 지방에서는 삶은 것을 갈아 크로켓으로 만든다. 병아리콩 가루는 보습 효과가 좋아 인도에서는 민감 피부용 비누 생산에도 사용한다고 한다. 어떤 요리를 해도 그 끝에는 부드러운 맛을 끌어 내주는 신기한 콩이다.

삶은 병아리콩에
올리브오일을 넣어 부드럽게 갈다

치과에서 충치 치료를 받을 때는 항상 보고 싶은 사람을 떠올린다. 옛 친구일 때도 있고, 한 번도 만나보지 못한 사람일 때도 있다. 조심스럽게 웃는 옆모습, 저음의 부드러운 목소리, 핸드폰을 만지작거리는 손가락. 기억을 되살려보거나 상상을 그려보는 일에 집중하다 보면 어느새 치료는 마무리되고 있다. 오늘은 치료 도중에 6년 전 함께 모로코 여행을 떠났던 친구의 얼굴이 떠올랐다. 병아리콩을 삶아서 부드럽게 갈아 만든 요리 '후무스Hummus'도 그해 겨울 모로코에서 처음 먹어보았다. 음악과 같이 음식에도 방대한 양의 기억들이 함께한다.

재료

병아리콩(삶은 것) 200g, 레몬 ½개, 마늘 1쪽, 큐민 2ts, 올리브오일 2Ts, 소금 0.5ts, 물 적당량

만드는 법

레몬은 짜서 즙을 낸다. 마늘은 큰 덩어리가 씹히지 않도록 잘게 다진다. 블렌더에 병아리콩, 레몬즙, 다진 마늘, 올리브오일, 소금, 큐민이나 파프리카 파우더 등의 향신료를 약간 넣고 갈아준다. 중간중간 고무 주걱으로 잘 섞어 골고루 갈리도록 한다. 어느 정도 갈리면 물을 조금씩 부어가며 부드럽게 만든다. 빵에 발라 먹으려면 물을 넉넉히 넣어 부드럽게, 채소 스틱에 찍어 먹는다면 조금 식감이 남을 정도로 거칠게 만드는 것이 좋다. 물 양은 병아리콩의 수분기에 따라 맛을 보아가며 조절한다.

Tip.
콩 삶는 법 팥 이외의 콩은 기본적으로 삶기 전에 물에 불린다. 콩은 잘 씻어서 물기를 제거하고 콩의 4~6배의 물에 담가 하룻밤 동안 불린다. 물에 너무 오래 담가두면 오히려 껍질이 벗겨져 좋지 않다. 냄비에 불린 콩을 넣고 콩보다 2~3cm 위의 선까지 물을 넣어 강불에 올린다. 물이 보글보글 끓기 시작하면 약불로 줄여 콩이 부드러워질때까지 삶는다. 삶는 도중 콩이 항상 물에 잠겨 있는 상태를 유지해야 한다. 물이 많이 줄어들면 미지근한 물을 더해가며 삶는다. 콩 불린 물을 삶을 때 써도 된다. 불린 물에는 떫은맛이 배어있지만 동시에 비타민, 식물섬유 등의 영양소가 녹아있다.
콩을 불리지 않고 바로 삶는 법도 있다. 불리지 않을 경우엔 냄비에 물과 콩을 넣고 강불에서 시작해 물이 끓어오르면 약불로 줄인 뒤 40~50분가량 물을 더해가며 끓인다. 콩이 부드러워지면 불을 끄고 뚜껑을 덮은 채 30~40분가량 뜸을 들인다.

곱게 간 병아리콩을
뭉쳐 튀기다

어느 날 친구가 심각한 표정으로 말을 꺼냈다. 아무리 노력해도 웬만해선 가슴이 설레지 않는단다. 나 또한 마음의 움직임이 둔탁해질 전망이라는 경보음이 들려오는 요즘이다. 설렘을 찾아서 매일 하는 요리에 소심한 변화를 주어본다. 항상 삶아만 먹던 요리를 튀겨도 보고, 동그랗게 썰던 채소를 세모로도 썰어본다. 그러다 문득 설렘 때문에 마음의 균형마저 깨지는 건 아닐까 하는 바보 같은 걱정을 한다. 노래를 태그에 따라 자동으로 재생해주는 프로그램을 열어 'calm'과 'love'를 입력했다. 마음도 이렇게 태그로 지정할 수 있다면 좋을 텐데 그게 참 어렵다.

재료

병이리콩 150g, 다진 양파 0.5컵, 마늘 2개, 밀가루 1~2Ts, 큐민가루 1ts, 고수 또는 생파슬리 적당량, 소금, 후추, 식용유

만드는 법

병아리콩을 충분한 물에 하룻밤 불린다. 푸드프로세서에 불린 병아리콩, 마늘, 고수 또는 생파슬리를 넣고 곱게 간다. 볼에 간 병아리콩, 마늘, 고수, 다진 양파, 밀가루, 큐민가루, 소금, 후추를 넣고 잘 섞는다. 둥글게 빚어질 농도가 되지 않으면 밀가루를 추가한다. 한입 크기로 빚어 170도로 달군 기름에 노릇하게 튀긴다. 팔라펠이라고 불리는 이 요리는 참깨와 올리브오일을 갈아 만드는 타히니소스, 요거트를 곁들여 먹는다. 신선한 토마토, 오이, 양상추와 함께 피타빵 안에 넣어 샌드위치로도 해보자.

또 하나의 산책,
팝업식당

'재료의 산책'

작년 봄, 친구의 우연한 제안으로 창전동에 위치한 작업실에서 팝업식당을 운영을 시작하게 되었다. 식당을 운영하기에 앞서 이름을 고민한 끝에 '재료의 산책'으로 정한 이유는 《AROUND》의 연재 속에서 다 하지 못했던 이야기를 이곳에서 이어가고 싶어서였다.

연재를 마치고 몇 달 지나지 않아 몸이 크게 아팠다. 당시에는 이태원에서 바쁘게 가게를 운영하고 있었는데 어느 샌가 마음의 여유는 한 뼘도 남아있지 않았고, 차근차근 몸에도 이상신호가 나타났다. 20대 중반부터 시작된 비염이 점점 더 심해져 후각과 미각이 모두 마비되는 상황까지 오게 되었다. 간을 볼 수 없으니 요리도 멈출 수 밖에 없었다. 더 이상 안 되겠다 싶어 모든 일을 내려놓고 원점으로 돌아가는 시간을 가져보기로 했다. 방법은 어렵지 않았다. 자연이 가득한 곳에서, 자연이 가득한 음식을 먹고, 내 몸의 목소리에 집중하기만 하면 됐다. 최대한 나와 가까이에서 자라난 작물로 밥을 해 먹고, 많이 걷고, 많이 잤다. 그러자 거짓말처럼 빠른 속도로 몸이 회복되어갔다. 다시 태어나는 듯한 기분이 너무 감격스러우면서도, 그보다 자연스럽게 산다는 것이 이렇게나 간단한 일인데 우리는 왜 어려운 삶을 사는 걸까 싶어 슬펐다.

맛있게 요리하고 싶다는 생각 이전에 '이 재료는 과연 어떻게 되고 싶을까' 하는 생각을 먼저 해본다. 조금은 엉뚱한 생각일지는 몰라도 요리의 폭이 훨씬히 넓어진다. 재료들은 모두 살아있다.

다시금 서울로 돌아와 시작한 팝업식당 재료의 산책은 사실 그런 나의 슬픔을 이야기하는 곳이다. 식당은 서울시 마포구 창전동 작업실에서 1년의 운영을 마치고 최근 서대문구 홍은동으로 새롭게 자리를 얻었다. 식당에서는 우리 땅에서 자란 제철 채소로만 요리해 식사를 내드리고 있다. 메뉴는 계절의 흐름에 따라 매주 바꾸고 있으며 요리는 채소의 맛에 집중할 수 있도록 간을 많이 하지 않는다. 요즘에는 요리보다 좋은 기운을 담은 채소를 구하는 일에 더 힘쓰려고 한다. 하지만 결코 내가 만드는 식사가 우리 도시인의 삶에 최적화되어 있다고 제안하는 것은 아니다. 오히려 서울에서 건강하게 산다는 것이 이만큼 어렵다는 슬픈 이야기를 전하고 싶을 뿐이며, 편안하게 숨 쉬는 법조차 잊고 있는 친구들에게 여기저기서 모아온 나무의 소리를 들려주고 싶을 뿐이다.

어쩌다 시작한 재료의 산책이 이제는 삶의 프로젝트가 되었다. 산책은 목적지가 따로 없기에 천천히 둘러보고 여유롭게 걸을 수 있는 시간이다. 앞으로도 늘 그렇게 살며, 그렇게 요리하고 싶다.

* 팝업식당 '재료의 산책'을 시작할 수 있도록 창전동 작업실을 선뜻 내어줬던 '달밤식탁' 에이코와 '달키친' 지민 언니에게 감사를 보냅니다.

토스트는 왜 항상 낭만적일까. 오주를 봄, 봄, 공기 그리고 바람이 이른다면 낭만적일 아침은

토스트와 달달 카페 혹은 오렌지주스, 그리고 따듯한 햇살이 이른다고 할 수 있겠다.

8

S	M	T	W	T	F	S
		1	2	3	△4	⑤
6	7	8	9	⑩	⑪	12
13	14	15	16	⑰	⑱	19
20	21	△22	△23	24	25	26
27	28	29	30	31		

○ 11 : 00 - 15 : 00 (LO 14 : 30) ● 18 : 00 - 22 : 00 (LO 21 : 00)
△ 18 : 00 - 22 : 00 (LO 21 : 00)
Changjeon-dong 1-13, Mapo-gu, Seoul

재료의 산책

PLATE

1. 메밀찹쌀현미(밥)과 우엉검자전   15.0   2. 버섯카레그라탱과 사과생강스콘
                                        Vegan

에일참쌀현미밥과 파채유천   버섯카레그라탱
구구마방배 스프   천연효모빵과 초코두부딜
우엉감자전과 사과소스   향배추달걀무침
시금치올타리용두부무침, 곤 샐러드   시금치브리의 배 샐러드
팥&단호박의 그리놀리   사과생강스콘

DRINK

핸드드립 커피   5.0   보리곡물 커피

                        3.0   두유

                        2.0

배밀,파래,김,맥주,율무,모영,호구,미나리,파,양배추,고구마,감자,
마요,생강,우엉,단감,시금치,호박,표고버섯,현미잡곡,참기름,서리태,
브로컬리버섯,양송이버섯,감자,호박,해바라기씨,코쿠씨,커피콩,
콩,바닐라,호마,아몬드,해바라기씨,코쿠씨,커피콩,

Nov 26, 27

재료의 산책

겨울의 일기

1판 1쇄 발행 2018년 10월 29일
1판 6쇄 발행 2024년 6월 20일

지은이 요나
펴낸이 송원준
편집인 김이경
책임편집 김건태
디자인 최인애
사진 안선근 요나

펴낸곳 ㈜어라운드
출판등록 제 2014-000186호
주소 03980 서울시 마포구 동교로51길 27 AROUND
문의 070 8650 6375
팩스 02 6280 5031
전자우편 around@a-round.kr
ISBN 979-11-88311-33-0